Sieglinde Holl

GRUNDKURS FLORISTIK

Dekorativer Blumenschmuck leicht gemacht

frechverlag

Eine Auswahl weiterer Floristik-Titel mit tollen Ideen aus dem frechverlag:

TOPP 1900

TOPP 2036

TOPP 1754

TOPP 1639

TOPP 1973

TOPP 1831

Fotos: frechverlag GmbH & Co. Druck KG, 70499 Stuttgart;
Fotostudio Ullrich & Co., Renningen

Auflage: 5. 4. 3. 2. | Letzte Zahlen
Jahr: 2000 1999 98 97 | maßgebend

frechverlag GmbH + Co. Druck KG, 70499 Stuttgart
Druck: frechverlag GmbH + Co. Druck KG, 70499 Stuttgart

ISBN 3-7724-2068-0 · Best.-Nr. 2068

Mögen Sie Floristik, haben sich aber noch nicht getraut, selbst floristisch tätig zu werden?
Dann ist dieser Grundkurs genau richtig für Sie! Sie benötigen neben diesem Buch die angegebenen Materialien und ein wenig Mut – und schon kann es losgehen!
Damit gar nichts schiefgehen kann, sind die einzelnen Modelle alle Schritt für Schritt erklärt.
Außerdem finden Sie drei große Gruppen von Objekten, die durch die Angaben „Einfach“, „Mittel“ und „Anspruchsvoll“ gekennzeichnet sind. Wenn Sie mit den leichten Modellen beginnen, werden Sie bald sehen, daß Sie sich auch an aufwendiger aussehende Objekte herantrauen können.
Sie werden nicht nur selbst viel Spaß an der floristischen Arbeit haben, sondern können auch anderen Freude bereiten, indem Sie Ihre Kunstwerke verschenken.
Auch Ihr Heim kann zu jeder Jahreszeit mit auf Stil und Farben Ihrer Einrichtung abgestimmter Floristik wunderschön dekoriert werden. Sollte Ihre Kreation nicht genauso aussehen wie mein Vorschlag auf dem Foto, so muß das keinesfalls ein Nachteil sein – ich möchte Sie zum Ausprobieren neuer Wege und zum eigenen kreativen Gestalten anregen.

Ich wünsche Ihnen viel Freude beim Gestalten meiner Vorschläge für das ganze Jahr!

Ihre Sieglinde Holl

WICHTIGE ARBEITSHINWEISE

Das Kleben mit der Klebepistole

Das Arbeiten mit der Klebepistole hat den Vorteil, daß der Klebstoff gleich fest wird und gut hält. Der Klebstoff kommt flüssig aus der Düse der Klebepistole und ist über 100 Grad heiß, deshalb ist Vorsicht geboten, denn Verbrennungen sind schmerzlich!

Angeklebte Materialien lassen sich auch wieder entfernen, indem Sie sie einfach vorsichtig wieder abbrechen. Trockenblumen leiden darunter, aber z.B. Seidenblüten sind beständiger und können an einer anderen Stelle wieder neu angeklebt werden. Es bleiben natürlich Rückstände des Klebstoffes an dem Material haften.

Das Andrahten

Drahten Sie alle Grünteile und Trockenblumen sowie Trockenstände an, bevor Sie diese weiterverarbeiten.

Beim Stecken und Sträuße-Binden wird grundsätzlich alles mit Steckdraht verlängert, um die Teile besser festhalten oder im Steckschaum verankern zu können. Sie können Steckdraht in der Stärke 0,7 mm oder 0,9 mm zum Andrahten verwenden.

Bevor Sie den Steckdraht anlegen, biegen Sie ein kleines Stück um, damit die Stiele der Trockenblumen nicht gleich abbrechen.

Halten Sie mit einer Hand das Teil, das Sie andrahten wollen, mit der anderen wickeln Sie den Steckdraht in kreisender Bewegung um die Stielenden.

Bei Zapfen wird der Draht um das untere Drittel des Zapfens gelegt, die Drahtenden werden miteinander verdrillt.

WICHTIGE ARBEITSHINWEISE

Das Bündeln mit Golddraht

Lavendel oder Zimtstangen werden mit Golddraht gebündelt.
Das ist nicht nur praktisch, sondern das zusammengebundene Teil wird gleichzeitig durch den Golddraht auch geschmückt.
Nehmen Sie Golddraht, und wikkeln Sie ihn dicht um das Bündel. Verdrahten Sie die Enden miteinander, und schneiden Sie das Ende ab.

Golddrahtketten

An einem langen Golddraht können Sie einzelne Blätter, Ähren, Sternanis, Beeren oder Asparaguszweige befestigen, indem Sie den Golddraht in gewissen Abständen in kreisender Bewegung um die Stiele der Materialien wickeln. Diese Ketten können Sie als Ausschmückung über das fertige Gebinde legen und Anfang und Ende des Golddrahtes im Gebinde verankern.

Wichtige Arbeitshinweise

Heukranz binden

Befestigen Sie Bindedraht an einem Metallring mit 15 cm Ø.

Legen Sie mit der linken Hand Heu an, und überbinden Sie dieses mit dem Bindedraht.

Legen Sie immer wieder Heu an, und binden Sie es so lange über den Metallring, bis dieser nicht mehr zu sehen ist.

Schneiden Sie den Bindedraht ab, und stecken Sie das Ende in den Kranz zurück.

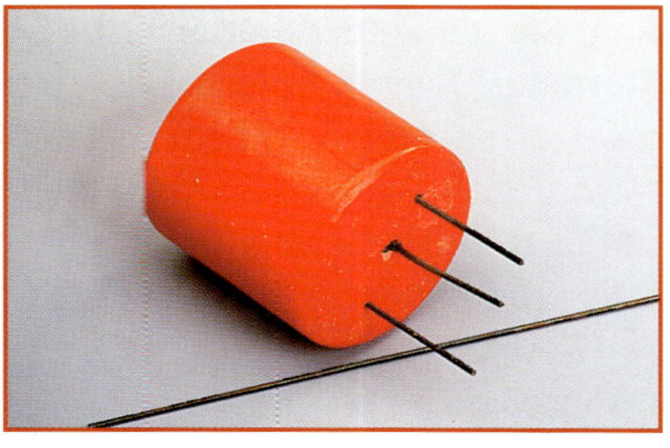

Kerzen andrahten

Kerzen werden mit 1,8 mm starkem Kerzendraht versehen. Dazu wird der Draht über einer brennenden Kerze erhitzt, damit er sich leicht in das Kerzenwachs einstecken läßt.

Stecken Sie drei Abschnitte des Kerzendrahtes dicht nebeneinander in die Unterseite der Kerze.

Bevor Sie die Kerzen im Kranz befestigen, das erwärmte Wachs erkalten lassen, damit der Kerzendraht fest in der Kerze steckt.

Wichtige Arbeitshinweise

Schleifen binden

Legen Sie das Dekoband flach vor sich auf den Tisch, und überkreuzen Sie die beiden Bandenden so, daß das Band wie ein Hemdkragen vor Ihnen liegt (erstes Foto).

Raffen Sie den hinteren Teil des Bandes und die beiden Bandenden am Kreuzungspunkt zusammen, und binden Sie die Schleife an dieser Stelle mit Draht ab.

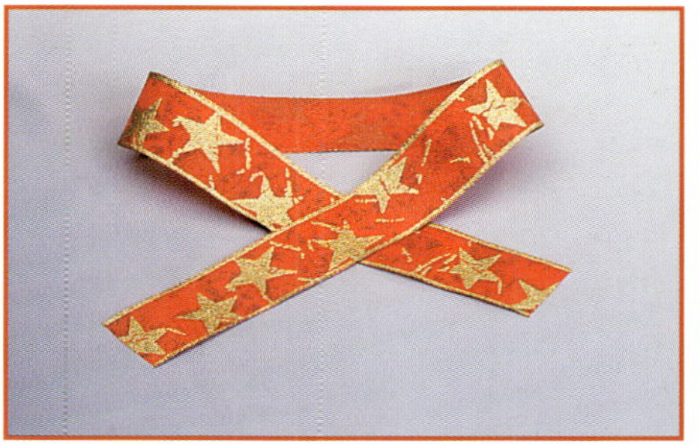

Stiele mit Bast umwinden

Wenn die Stiele der Schmuckteile oder der Trockenblumen in Ihren Gebinden sichtbar sein sollen, können Sie diese noch mit Bast schmücken.

Kleben Sie den Anfang des Bastfadens an den Stielen fest, und winden Sie ihn schräg nach unten und wieder zurück zum Stiel.

Das Ende wird festgeklebt. Genauso kann auch mit Goldkordel oder Golddraht verfahren werden.

Dekoriertes Ginsterbündel

- Einfach -

Material:

- *Ginsterbündel 30 cm lang*
- *Krepprose rosa*
- *Bast natur*
- *Erikamoos*
- *Lavendel*
- *Lorbeerblätter gold*
- *Zimtstangen*
- *Golddraht*
- *Efeu*
- *Asparagus*

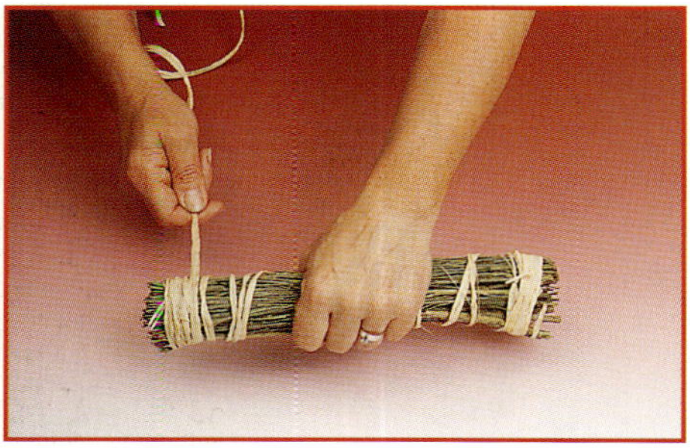

Umbinden Sie Anfang und Ende des Ginsterbündels mit Bast. Kleben Sie auf die Mitte eine Krepprose mit einem Efeublatt. Links kleben Sie ein goldenes Lorbeerblatt und etwas Erikamoos fest, rechts ein Lorbeerblatt und ein Bündel Lavendel. Hinter der Krepprose wird ein kleiner Efeuzweig befestigt, darauf zwei mit Golddraht gebündelte Zimtstangen.

Fixieren Sie rechts und links an dem Ginsterbündel einen langen Golddraht, mit dem Sie den Asparagus festbinden.

Machen Sie in den Golddraht mit Hilfe eines Holzrundstabes kleine Windungen.

DEKORIERTE RIESENSCHNECKE

- Einfach -

Material:

- Riesenschnecke
- Steckschaum
- Satinband 3 mm breit in Rost
- Goldkordel dünn
- Erikamoos
- Zimtstangen
- Golddraht
- Dschungelmoos maigrün
- Krepprosen lachs

Kleben Sie ein kleines Stück Steckschaum in die Öffnung der Riesenschnecke.

Fertigen Sie aus dem Satinband und der Goldkordel eine Schleife mit mehreren Schlaufen, und stecken Sie diese unten in den Steckschaum. Machen Sie Knoten in die herabhängenden Bandenden.

Drahten Sie das Erikamoos an, und stecken Sie es mit einer Krepprose oben in den Steckschaum.

Dann drahten Sie ein Stück Satinband an und stecken es dahinter in den Steckschaum, das gibt die Aufhängung.

Befestigen Sie etwas Dschungelmoos unter der Krepprose, darauf stecken Sie zwei mit Golddraht gebündelte Zimtstangen und darunter die zweite Krepprose.

Bäuerlicher Weidenring

Material:

- *Weidenring 20 cm Ø*
- *Holzgans*
- *Bast natur*
- *Heu*
- *Efeu*
- *Cupblume gelb*
- *Eierschalen*
- *Pfefferbeeren rot*
- *Perlhuhnfedern*
- *Chilischoten*
- *Weizen natur*
- *Erikamoos*
- *Karoband 25 mm breit*
- *Dekoband Bauernhof*

Umbinden Sie den Weidenring mit Bast, und hängen Sie ihn am Karoband auf. Bündeln Sie Heu, und kleben Sie es unten in den Weidenring.

Befestigen Sie einzelne Efeublätter um den Weidenring, dazwischen Perlhuhnfedern, Erikamoos, Pfefferbeeren und ein Stück Dekoband mit Kuh.

Auf das Heubündel kleben Sie die Holzgans, die Cupblumen, den Weizen, die Eierschalen und die Chilischoten.

Österlicher Rebenkranz

Material:

- *Rebenkranz 35 cm Ø*
- *Steckschaum*
- *Karoband mit Drahtrand 50 mm breit*
- *Bast natur*
- *Weizen natur*
- *Heu*
- *Efeu*
- *Ingwer*
- *Holzhahn*
- *Holzblüten*
- *Vogelnest*
- *Dekoeier*

Hängen Sie den Rebenkranz am Karoband auf. Kleben Sie ein Stück Steckschaum in den Kranz unten, und fixieren Sie ihn nochmals mit Draht. Darauf stecken Sie einige Bündel Heu.

Kleben Sie dann unten am Kranz 40 cm Band in der Mitte fest.

Binden Sie die Enden des Bandes mit Bast ab, und kleben Sie die Ingwerstücke auf das Band.

Fertigen Sie eine Schleife ohne Bandenden, und befestigen Sie sie auf dem angeklebten Band.

Fixieren Sie die Efeuranke auf dem Kranz.

Kleben Sie vor dem Steckschaum noch einige Bündel Heu fest, darauf befestigen Sie das Vogelnest mit Eiern, dahinter den Weizen und den Holzhahn. Daneben dekorieren Sie die Holzblüten.

Dekorierter Weidenkranz

Einfach

Material:

- *Weidenkranz 25 cm Ø*
- *Kreppprosen weiß*
- *Erikamoos*
- *Traube blau*
- *Eukalyptusblüte*
- *Efeublätter*
- *Strelizienblatt natur*
- *Juteband natur 35 mm breit*
- *Jutekordel natur 5 mm breit*

Hängen Sie den Weidenkranz am Juteband auf, und binden Sie dieses mit einer Kordel zusammen, aus der Sie dann eine einfache Schleife binden.

Kleben Sie auf die linke Seite des Kranzes ein Strelizienblatt, und befestigen Sie rechts und links davon die Blätter der Kepprose.

Zwei Blüten der Kepprose werden oben am Kranz und eine im unteren Drittel des Strelizienblattes befestigt. Dazwischen bringen Sie eine Traube an.

Das Erikamoos drahten Sie an und befestigen es rechts und links vom Strelizienblatt. Oben und unten am Strelizienblatt befestigen Sie Efeublätter. Die Eukalyptusfrüchte kleben Sie zuletzt auf.

BLUMENSTRAUSS IN WEISS-GELB

Material:

- *Glasvase mit Fuß*
- *Alufolie*
- *Steckschaumziegel*
- *Seidenmargeriten*
- *Seidenblumen gelb*
- *Erikamoos*
- *Dekoband gelb und weiß 16 mm breit*

Schneiden Sie den Steckschaum passend zur Vasengröße zu, umwickeln Sie ihn mit Alufolie, und stecken Sie ihn in die Glasvase. Von außen ist der Steckschaum jetzt nicht mehr zu sehen.

Kürzen Sie die Stiele der Seidenblüten. Drahten Sie das Erikamoos büschelweise an. Beginnen Sie in der Mitte, die Blüten abwechselnd mit Erikamoos in den Steckschaum zu stecken, bis dieser nicht mehr zu sehen ist. Die angedrahteten Blütenblätter werden von unten her im Steckschaum befestigt.

Fertigen Sie aus dem weißen und dem gelben Dekoband je zwei einfache Schleifen, und stecken Sie diese seitlich in den Steckschaum.

Lorbeerkranz mit Innendekoration

Einfach

Material:

- *Lorbeerkranz 25 cm Ø*
- *Hojablätter natur*
- *Ähren gold*
- *Dschungelmoos maigrün*
- *Raffiafrucht gold*
- *Goldranke*
- *Mexicanfäden weiß*
- *Krepprosen*
- *Efeu*
- *Salbeizweig*
- *Diorrosen altrosa*
- *Golddraht*

Bekleben Sie den Kranz von unten mit drei Hojablättern, und drehen Sie ihn wieder um. Von innen kleben Sie darauf die Raffiafrucht, das Dschungelmoos, eine Krepprose und drei Diorrosen.

Auf den Kranz kleben Sie Goldranke, Efeublätter, zwei Krepprosen und die mit Golddraht umwickelten Mexicanfäden.

Den Salbeizweig legen Sie quer über den Kranz und fixieren ihn mit Klebstoff.

An einem langen Golddraht befestigen Sie die Ähren und schlingen ihn dann über das Ganze.

Befestigen Sie Anfang und Ende des Golddrahtes im Kranz.

Herbstliches Topfgesteck

Material:

- Steckschaumziegel
- Keramiktopf 13 cm Ø
- Bast
- Metallsonne gold
- Birkenzweige
- Rupfen
- Efeu
- Erikamoos
- Kastanien
- Weizen natur
- Sonnenblume
- Heu
- Metallring 15 cm Ø

Binden Sie den Bast um den Keramiktopf, und kleben Sie auf die Bindestelle die Metallsonne.

Füllen Sie den Keramiktopf mit einem passend zugeschnittenen Stück Steckschaumziegel. Kleben Sie auf den Topfrand einen im passenden Durchmesser gebundenen Heukranz. Schneiden Sie dazu den 15 cm großen Metallring auf, und binden Sie mit Bindedraht Heu darüber. Stecken Sie Anfang und Ende der Birkenzweige bogenförmig in den Steckschaum.

Bekleben Sie dann den Heukranz rundum mit Efeublättern, Rupfenabschnitt und Kastanien.

Drahten Sie das Erikamoos an, und stecken Sie es rundum in den Steckschaum.

Die Stiele des Weizens werden mit Bast umwickelt, das Bündel wird angedrahtet und im Steckschaum befestigt.

Die Sonnenblume wird zuletzt in die Mitte gesteckt.

Terrakottateller mit Sonnenblumen und Früchten

Einfach

Material:

- *Terrakottateller 25 cm Ø*
- *Steckschaum*
- *Moos*
- *Erikamoos*
- *Strelizienblatt* ❀ *Jute*
- *Weizen natur* ❀ *Bast*
- *Lockenschilf grün* ❀ *Dekoapfel*
- *Schneckenhaus*
- *Chilischoten*
- *Traube blau* ❀ *Efeu*
- *Sonnenblumen*
- *Golddraht*

Schneiden Sie vom Steckschaumziegel zwei Würfel ab, die Sie rechts und links mit Klebstoff auf dem Teller befestigen. Drahten Sie dann das Erikamoos büschelweise an, und stecken Sie es in die Steckschaumwürfel. Decken Sie jetzt die Steckschaumwürfel mit Moos oder Jute ab. Das Strelizienblatt wird quer über den Teller geklebt. Bündeln Sie den Weizen mit Bast. Dieses Bündel wird ebenfalls auf das Strelizienblatt geklebt. Binden Sie den Stiel der Traube mit Bast ab, und kleben Sie sie auf das Strelizienblatt.

Die große Sonnenblume wird nun auf das Weizenbündel geklebt, daneben wird Lockenschilf eingesteckt. Vor dem Strelizienblatt und neben der Traube befestigen Sie das Schneckenhaus und den Dekoapfel. An einem langen Stück Golddraht befestigen Sie Chilischoten und Efeublätter, schlingen ihn dann über das Gesteck und befestigen Anfang und Ende am Strelizienblatt.

Die kleine Sonnenblume kleben Sie mit einem Efeublatt am Tellerrand fest.

WEIZENGESTECK

Material:

- *Tonschale 12 cm Ø*
- *Steckschaumziegel*
- *Weizen natur*
- *Sonnenblumen*
- *Bast*
- *Lavendel*
- *Golddraht*
- *Chilischoten*
- *Ingwer*
- *Juteband 35 mm breit*

Füllen Sie die Tonschale mit Steckschaum. Schneiden Sie den Weizen ca. 35 cm lang zu. Beginnen Sie aus der Mitte heraus, den Weizen bis an den Schalenrand in den Steckschaum zu stecken. Binden Sie unter die Stiele den Bast.

Umwickeln Sie Heu mit Golddraht, und kleben Sie es auf den Schalenrand. Darauf befestigen Sie einzelne Sonnenblumen, Chilischoten und Ingwer.

Vorne hinter der Schleife aus Juteband findet ein Bündel Lavendel Platz.

Auf die Schleifenmitte kleben Sie eine Sonnenblume.

Rebenkranz in Blau-Rosa

Material:

- *Rebenkranz 35 cm Ø*
- *Bast natur*
- *Juteapfel blau*
- *Jutezapfen blau*
- *Schote natur*
- *Kokosschalen gold*
- *Lorbeerblätter gold*
- *Thujafrucht*
- *Olivenlaub grün*
- *Phalaris lachs*
- *Traube blau*
- *Mingrose rosa*
- *Papierrosen rosa*
- *Erikamoos*
- *Hortensie grün*
- *Efeuzweig*
- *Granatapfelpick blau*
- *Lavendel*
- *Zimtstangen*
- *Dschungelmoos braun*
- *Goldschnur*
- *Baumrinde*
- *Baumefeu*
- *Kokosfaser*
- *Goldschnur*
- *Jutegewebe*
- *Limone*

Umwickeln Sie den gesamten Kranz mit Bast, und hängen Sie ihn am Bast auf. Kleben Sie zuerst einige große Teile auf den Kranz, z.B. Jutezapfen, Juteapfel, Thujafrucht, Baumrinde und zwei Kokosschalen.

Umwickeln Sie die Stiele der Traube und der Papierrose mit Goldschnur, den Stiel der Mingrose mit Bast, dann kleben Sie diese auf den Kranz, wobei Sie die Stiele etwas in Form biegen. So schaffen Sie Zwischenräume, die danach wieder von anderen Materialien ausgefüllt werden können.

Bündeln Sie den Lavendel, die Phalaris und die Zimtstangen mit Golddraht, und kleben Sie diese mit den anderen Materialien abwechselnd auf den Kranz.

Sie können die Materialien nach Ihrem Geschmack anordnen, nur sollten Sie immer beachten, daß die Kranzform erhalten bleibt und daß zwischen den Schmuckteilen das Grün befestigt wird. Der Efeuzweig wird bogenförmig über den anderen Materialien angeordnet.

Herbstlicher Korb

MITTEL

Material:

- *Weidenkorb 24 cm*
- *Steckschaumziegel*
- *Weizen natur*
- *Kokosfaser*
- *Bast* - *Baumrinde*
- *Heu* - *Lavendel*
- *Golddraht* - *Traube blau*
- *Minimais* - *Kürbis künstlich*
- *Pflaumen*
- *Äpfel künstlich*
- *Holzbündel* - *Efeu*
- *Lockenschilf grün*
- *Erikamoos*
- *Sonnenblumen*

In den Korb kleben Sie ein größeres Stück Steckschaumziegel.
Drahten Sie Weizenähren, Weizenstiele, Erikamoos, Kokosfaser, Bastfäden und Heu an. Stecken Sie die Weizenstiele und die Ähren über Kreuz in den Steckschaum. Dazwischen stecken Sie die Kokosfaser und das Erikamoos.
Kleben Sie auf den Steckschaum ein Stück Baumrinde, links davon wird die Traube eingesteckt. Fügen Sie weiter über Kreuz das Bastbündel und das Heubündel ein.

Darauf wird eine Sonnenblume gesteckt. Rundum werden jetzt die übrigen Materialien im Steckschaum befestigt, so daß zum Schluß die eingesteckten Materialien eine halbrunde Form ergeben. Die Zwischenräume stecken Sie mit Erikamoos aus, damit der Steckschaum nicht mehr zu sehen ist. Es ist möglich, die Früchte auch in anderer Anordnung zu plazieren oder andere Früchte zu verwenden. Blüten, Früchte und Weizen ergeben einen schönen herbstlichen Korb.

HALBKRANZ MIT TRAUBEN UND STAB

MITTEL

Material:

- *Steckschaumring 25 cm Ø*
- *Bambusstab grün 48 cm lang*
- *Karoband 25 mm breit*
- *Wellpappe natur*
- *Weizen natur*
- *Erikamoos*
- *Lorbeerblätter gold*
- *Haselnüsse*
- *Pfefferbeeren rot*
- *Schoten natur*
- *Chilischoten*
- *Hortensie grün*
- *Kokosfasern braun*
- *Dekobirnen*
- *Traube*
- *Toscalaub*
- *Lotosblatt*
- *Veilchenlaub*
- *Baumefeu*

Halbieren Sie den Steckschaumring, und kleben Sie auf die Schnittstellen den Bambusstab.

Schneiden Sie von der Wellpappe ca. 6 cm breite Streifen ab, und verdecken Sie damit die Schnittstellen des Steckschaumringes.

Auf den Bambusstab kleben Sie die Weizenähren und an seine Enden die Haselnüsse.

Drahten Sie das Erikamoos büschelweise an, und stecken Sie es im Abstand von 6 cm im Steckschaumring fest. Das Lotosblatt fügen Sie genau in der Hälfte des Steckschaumringes ein. Darüber sitzt die angedrahtete Kokosfaser. Fertigen Sie aus dem Karoband zwei Kragenschleifen, und stecken Sie diese rechts und links im Halbkranz fest. Die Dekobirnen stekken Sie dazu. Auf dem Kranz arrangieren und befestigen Sie Lorbeerblätter, Schoten und Toscalaub. Genau in der Mitte über dem Lotosblatt befestigen Sie die Traube, rechts und links daneben den Weizen. Dazwischen stecken Sie die angedrahtete Hortensie und fügen die Chilischoten ein.

Oben am Bambusstab stecken Sie unter die Wellpappe Weizen und befestigen darauf die Pfefferbeeren.
Die Veilchenblätter und den Baumefeu stecken Sie in den Kranz unten zwischen das Erikamoos. Befestigen Sie zuletzt ein Stück Karoband als Aufhängung am Bambusstab.

Rebenhalbkranz mit Stab

Material:

- *Steckschaumring 20 cm Ø*
- *Rebenkranz 30 cm Ø*
- *Bindedraht*
- *Goldkordel 3 mm breit*
- *Holzrundstab 6 mm Ø*
- *Dekoband grün 25 mm breit*
- *Golddraht*
- *Stoffblätter*
- *Lorbeerblätter gold*
- *Toscalaub grün*
- *Dschungelmoos grün*
- *Platanenfrüchte*
- *Weizen natur*
- *Kokosfaser braun*
- *Erikamoos grün*
- *Heu*
- *Beerenzweig*
- *Efeuzweig*
- *Papierrosenzweig rosa-gold*
- *Trockenblumen*
- *Eicheln*

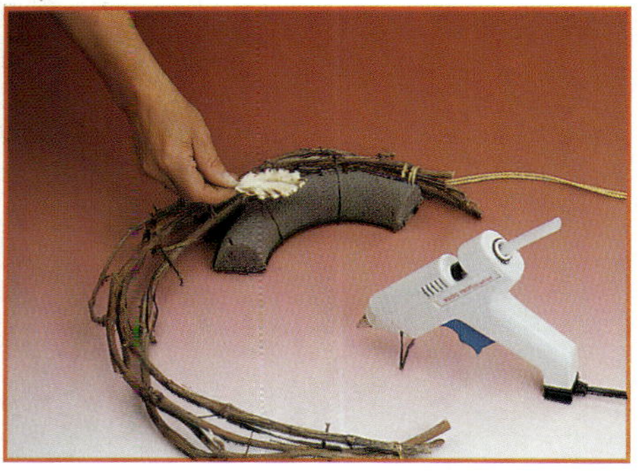

Sie schneiden den Rebenkranz auf und legen ihn über Nacht ins Wasser. Danach binden Sie sechs Zweige davon als Halbkranz mit Golddraht zusammen.

Schneiden Sie aus dem Steckschaumring zwei Drittel heraus, und kleben Sie das Stück in die Rundung des Halbkranzes.

Sichern Sie das Stück Steckschaumring mit Bindedraht am Rebenhalbkranz. Umwickeln Sie nun den Holzrundstab mit dem Dekoband, und binden Sie dieses oben und unten mit Golddraht fest.

Kleben Sie den Stab an den Rebenhalbkranz. Hängen Sie den Rebenhalbkranz an der im Foto sichtbaren Stelle mit Goldkordel auf.

Bekleben Sie den Rebenhalbkranz und den Steckschaumring mit Stoffblättern, Lorbeerblättern, Dschungelmoos, Erikamoos, Toscalaub, Kokosfaser, Platanenfrüchten, Heu und Eicheln. Den Efeuzweig und den Beerenzweig stecken Sie in den Steckschaumring und biegen ihn am Rebenhalbkranz entlang, wobei Sie diese Zweige mit Klebstoff fixieren. Die Papierrosenzweige werden untereinander eingeklebt, so daß sie wie ein langer Rosenzweig wirken. Dazwischen kleben Sie gebündelte Stiele von Trockenblumen und Weizen.

REBENBOGEN MIT JUTE

– MITTEL –

Material:

- *Rebenbogen 50 cm*
- *Dschungelmoos grün*
- *Erikamoos grün*
- *Nigella*
- *Bast*
- *Juteschnur natur 3 mm breit*
- *Juteband natur 35 mm breit*
- *Dekoband Bauernhof*
- *Kokosschale*
- *Kokosfaser braun*
- *Kalix*
- *Feder braun*
- *Mingrose weiß*
- *Weizen natur*
- *Goldranke*
- *Thujafrucht*
- *Mohnkolben*
- *Eukalyptusfrüchte*
- *Chilischoten*
- *Zimtstangen*
- *Everlastingbaby*
- *Lavendel*
- *Schoten natur und gold*
- *Monetenblätter*
- *Metallkuh*
- *Metallsonne*
- *Efeuzweig*
- *Schneckenhaus*
- *Golddraht*
- *Kerzendraht*
- *Jutegewebe*

Umwickeln Sie beide Enden des Rebenbogens mit der Juteschnur, ein Ende davon hängt jeweils lang herab. Durch die beiden Aufhängeösen, die sich an den Enden des Rebenbogens befinden, ziehen Sie das Juteband und binden es mit Bast zusammen. Aus einem starken Draht biegen Sie ein „U" und befestigen es mit Jutegewebe als Aufhängung auf der Rückseite.

Kleben Sie auf den Rebenbogen die Schoten, die Goldranke, den Weizen, dessen Stiele Sie vorher knicken, damit diese sich der Form des Rebenbogens besser anpassen.

Kleben Sie alle oben angegebenen Materialien abwechselnd auf den Rebenbogen, die Anordnung können Sie variieren.

Es sollte nur die Form erhalten bleiben, das heißt: auf gleiche Höhen achten! Die Materialien können auch übereinander geklebt werden.

Bei der Feder können Sie den Kiel auch etwas knicken, damit sie sich der Bogenform besser anpaßt.

Kranz mit Weinreben

Material:

- Weinrebenkranz 30 cm Ø
- Bast natur
- Goldkordel 3 mm breit
- Golddraht
- Schoten natur und gold
- Kokosschale natur
- Lorbeerblätter gold
- Thujafrucht
- Jutegewebe
- Olivenlaub grün
- Weizen natur
- Traube rost
- Krepprosen lachs
- Erikamoos
- Kalix
- Efeuzweig
- Schneckenhaus
- Beerenzweig
- Lavendel
- Maisblätter
- Eukalyptusfrüchte

Umwickeln Sie den gesamten Kranz mit Bast, und hängen Sie ihn an der Goldkordel auf. Der Kranz kann auf dem Tisch liegend oder an der Wand hängend dekoriert werden.

Kleben Sie abwechselnd die oben angegebenen Materialien auf den Kranz. Beginnen Sie mit Jutegewebe, Weizen, Schote, Kokosschale, Maisblättern, Erikamoos, Krepprosen, Thujafrucht. Dazwischen kleben Sie die Blätter der Krepprosen und andere Grünteile.

Bevor Sie die Schoten aufkleben, knicken Sie diese und versuchen, sie bogenförmig aufzukleben, damit Zwischenräume entstehen. Genauso verfahren Sie auch mit der Traube, dem Efeuzweig und dem Beerenzweig.

Versuchen Sie die geformten Teile über die schon aufgeklebten Teile zu dekorieren.

Es wirkt interessanter, wenn unter den Teilen noch etwas anderes zu sehen ist.

Topfgesteck mit Bambusstäben

MITTEL

Material:

- *Steckschaumziegel*
- *Terrakottatopf 18 cm Ø*
- *Dekoband mit Drahtrand*
- *Pflaumenpick*
- *Rosenzweig altrosa*
- *Doldenzweig*
- *Seidenblüten*
- *Broom bloom grün*
- *Erikamoos tannengrün*
- *Hortensie grün* ❀ *Nigella*
- *Weizen natur*
- *Bambusstäbe grün*
- *Seerosenblätter*
- *Eukalyptusfrüchte gold*
- *Golddraht*
- *Traube blau*

Füllen Sie den Terrakottatopf mit Steckschaum. Kürzen Sie die Bambusstäbe auf eine Länge von 38, 34 und 30 cm, bündeln Sie diese mit Golddraht, und stecken Sie sie in die Mitte des Terrakottatopfes. Bündeln Sie nun mit Golddraht einige Weizenstiele, und befestigen Sie sie quer vor den Bambusstäben.

Stecken Sie rechts den Rosenzweig ein, links den Weizen in verschiedenen Längen. Drahten Sie Broom bloom und Erikamoos an, und stecken Sie es vor dem Weizen ein.

Rund um den Topfrand werden die Seerosenblätter eingefügt.

Fertigen Sie aus dem Dekoband eine Kragenschleife an, und befestigen Sie diese vorne im Topf. Auf der Schleifenmitte sitzt die Traube, hinten links werden die Pflaumen plaziert. Rechts neben dem Rosenzweig stecken Sie Nigella in verschiedenen Höhen ein, dahinter den Doldenzweig.

Wenn noch Zwischenräume da sind, füllen Sie sie mit Erikamoos und Broom bloom aus. Auf den kürzesten Bambusstab wird eine Eukalyptusfrucht geklebt.

MITTEL

GESTECKTER ADVENTSKRANZ

Material:

- *Steckschaumring 20 cm Ø*
- *Stumpenkerze 12 cm hoch*
- *Hortensie grün*
- *Erikamoos grün*
- *Lorbeerblätter gold*
- *Baumefeu*
- *Kiefernzapfen*
- *Tannenzapfen*
- *Kiefernrosen*
- *Beeren rot*
- *Ilex rot*
- *Kokosschale gold*
- *Ähren gold*
- *Dekoäpfel grün-rot*
- *Mingrosen weiß-gold*
- *Papierrosen weiß-gold*
- *Nüsse*
- *Zimtstangen*
- *Ingwer*
- *Geige*
- *Salzteigherz*
- *Engel*
- *Golddraht*
- *Steckdraht*

Drahten Sie die verschiedenen Zapfen, die Hortensie, das Erikamoos und den Baumefeu mit Steckdraht an. Bündeln Sie die Zimtstangen, und umbinden Sie den Ingwer mit Golddraht. Stecken Sie rundum mit Abständen das Erikamoos in den Steckschaumring.
Dann werden die Hortensie, die Kiefernzapfen, die Dekoäpfel, die Beeren und alle Materialien, die einen Stiel haben oder angedrahtet sind, eingefügt.
Auf den Steckschaumring kleben Sie nun die Kokosschale, die Lorbeerblätter, die Mingrosen, die länglichen Zapfen, den Ingwer, die Zimtstangen, den Engel, die Geige und die Ähren. Sie können die Materialien auch teilweise übereinander kleben. Sie sollten nur darauf achten, daß immer verschiedenfarbige Materialien nebeneinander eingesteckt oder eingeklebt werden, damit der Adventskranz schön bunt aussieht. Die Kerze stellen Sie in die Mitte.

Gebundener Adventskranz

Material:

- *Metallring 25 cm Ø*
- *Buchs*
- *Thuja*
- *Scheinzypresse*
- *Kerzendraht 1,8 mm stark*
- *Rote Stumpenkerzen 7 cm hoch und 7 cm Ø*
- *Dekoband mit Sternen 4 cm breit*
- *Zimtstangen*
- *Lorbeerblätter gold*
- *Kiefernzapfen*
- *Golddraht*

Die Zweige ohne Spitze, also die Abfälle, mit Bindedraht über den Metallring binden.

Legen Sie den Rohling in die linke Hand, und binden Sie die Zweige mit Bindedraht über den Rohling.

Binden Sie die Zweige bis dicht unter den Anfang. Dazu wird der Anfang mit der Hand hochgeschoben, um zu vermeiden, daß er miteingebunden wird.

Binden Sie anhand der Beschreibung einen Adventskranz, den Sie mit den angedrahteten Stumpenkerzen (siehe Seite 6) dekorieren. Aus dem Dekoband binden Sie nach Anleitung (Seite 7) vier Schleifen, die Sie außen am Kranz unterhalb der vier Kerzen einfügen.

Binden Sie Golddraht um die Zimtstangen, und kleben Sie diese mit den Lorbeerblättern auf den Kranz. Die Kiefernzapfen drahten Sie an und stecken sie ebenfalls in den Kranz.

Türkranz mit Engel

Material:

- *Metallring 25 cm Ø*
- *Buchs*
- *Thuja*
- *Scheinzypresse*
- *Kalix gold*
- *Kiefernzapfen*
- *Lorbeerblätter*
- *Nüsse gold*
- *Sternanis*
- *Engel gold*
- *Bindedraht*
- *Steckdraht*
- *Dekoband gold mit Drahtkante 4 cm breit*

Zuerst binden Sie, wie auf Seite 44 beschrieben, aus den dreierlei Zweigen einen Adventskranz. Drahten Sie die Kiefernzapfen und die Kalixpilze an.

Nehmen Sie 120 cm Dekoband, und schlingen Sie dieses als Aufhängung um den Kranz. Fertigen Sie dann eine doppelte Schleife an, und stecken Sie diese zu der Aufhängung. Kleben Sie zwischen das Grün des Kranzes Lorbeerblätter und Sternanis.

Die angedrahteten Kalix und Kiefernzapfen sowie die Nüsse werden ebenfalls mit Klebstoff im Kranz befestigt.

Drahten Sie den Engel an den Flügeln mit Steckdraht an, und setzen Sie ihn in den Kranz. Wenn er nicht fest genug steckt, kleben Sie ihn genau unten in der Mitte noch zusätzlich fest.

Österlicher Buchskranz

Material:

- Metallring 20 cm Ø
- Buchs
- Karotte
- Heu
- Bast
- Eierschalen
- Hahn und Henne
- Nest
- Schneckenhaus
- Karoband mit Drahtrand 5 cm breit
- Bindedraht

Binden Sie die gekürzten Buchszweige mit Bindedraht über den Metallring. Schneiden Sie vom Karoband 100 cm ab, und schlingen Sie es als Aufhängung über den Kranz. Aus 80 cm Karoband binden Sie eine Schleife und stecken diese zur Aufhängung.

Nun binden Sie die Bandenden mit Bast ab.

Befestigen Sie mit Bast etwas Heu auf dem Kranz, das Sie vorher mit Bast in Form eines Halbkranzes bündeln können. Darauf kleben Sie die Eierschalen und das Nest mit Hahn und Henne.

Neben dem Nest befestigen Sie das Schneckenhaus.

Auf der linken Seite kleben Sie die Karotte in den Buchskranz.

Staticenkranz mit blauem Schmetterling

Material:

- *Metallring 18 cm Ø*
- *Statice tatarica*
- *Krepprosen hellblau*
- *Schmetterling hellblau*
- *Traube dunkelblau*
- *Dekoapfel grün und burgund*
- *Diorrose pink*
- *Bast blau*
- *Stoffblätter*
- *Satinband dunkelblau 3 mm breit*
- *Erikamoos*
- *Smilaxranke*
- *Seesterne*
- *Gitterband gold*
- *Goldkordel 5 mm breit*
- *Schmuckmedaillon*
- *Kerzendraht*
- *Bindedraht*

Befeuchten Sie die Statice mit Hilfe einer Blumenspritze. Lassen Sie die Zweige über Nacht liegen, dann ist die Statice am nächsten Tag nicht so spröde und läßt sich leichter binden. Schneiden Sie den Metallreif auf, und biegen Sie ihn auseinander. Binden Sie die Statice von beiden Seiten zur Mitte hin über den Metallreif.

Aus dem Satinband fertigen Sie zwei Schleifen, die Sie an beide Enden des Staticenbogens kleben. Darunter werden zwei Abschnitte vom Gitterband plaziert.

Biegen Sie aus dem Kerzendraht ein „U“, und kleben Sie es genau in der Mitte des Bogens zwischen die Statice. Daran wird die Goldkordel als Aufhängung befestigt.

Kleben Sie in die Mitte des Bogens die Krepprose, links daneben zwei Diorrosen, Erikamoos, eine Seidenrose, dann drei Seesterne, ein Efeublatt und nochmals Erikamoos.

Auf der anderen Seite befestigen Sie drei Dekoäpfel, Erikamoos, Schmuckmedaillon, Schmetterling,

Traube, einen burgunderfarbenen Dekoapfel, dazwischen Stoffblätter und Erikamoos.

Vor den Dekoäpfeln kleben Sie mit Golddraht gebündelten blauen Bast ein. Die Smilaxranke schlingen Sie über die eingeklebten Materialien und befestigen Anfang und Ende zwischen der Statice.

Anspruchsvoll

Staticenkranz mit Kordel und Goldband

Material:

- *Metallring 25 cm Ø*
- *Statice tatarica*
- *Kordel gold-silber 6 mm Ø*
- *Krepprosen rosa*
- *Papierrosenzweig rosa-gold*
- *Goldband mit Drahtrand 40 mm breit*
- *Schneckenhäuser rosa*
- *Asparagus*
- *Efeuzweig*
- *Seerosenblätter*
- *Lockenschilf grün*
- *Traube blau*
- *Pflaumenpick*
- *Broom bloom grün*
- *Smilaxranke*
- *Isolepis grün*
- *Mingbeeren creme*
- *Farn*
- *Bindedraht*

Kürzen Sie die Statice, und binden Sie sie büschelweise auf den Metallring. Schlingen Sie ungefähr 60 cm Kordel als Aufhängung um den Kranz. Drahten Sie Broom bloom büschelweise an. Verteilen Sie die großen Dekoteile im Kranz, seitlich die Papierrosenzweige, oben die Krepprosen, daneben die Mingbeeren, gegenüber die Trauben und die Pflaumen. Kleben Sie die Seerosenblätter zwischen die Statice am unteren Rand.

Den Efeuzweig schlingen Sie zwischen den Materialien durch und befestigen Anfang und Ende zwischen den Staticen. Genauso verfahren Sie mit der Kordel, dem Goldband und der Smilaxranke: zwischen den Materialien durchschlingen und immer wieder mit Klebstoff an der Statice befestigen. Broom bloom, Farn, Lockenschilf und Schneckenhäuser kleben Sie dazwischen. Das Isolepis binden Sie an Anfang und Ende mit Golddraht zusammen und befestigen es bogenförmig im Kranz. Den Asparagus befestigen Sie zuletzt auf den Trauben.

Staticenkranz mit Rosa Rosen

Material:

- *Metallring 25 cm Ø*
- *Statice tatarica*
- *Dekoband blau-grün mit Drahtrand 70 mm breit*
- *Goldkordel 3 mm Ø*
- *Krepprosen rosa*
- *Pflaumenpick*
- *Beerenzweig rosa*
- *Zimtstangen*
- *Weißbuschzweig*
- *Schote gold*
- *Lavendel*
- *Erikamoos*
- *Seestern* ❀ *Muscheln*
- *Mohnkapseln*
- *Lorbeerblätter gold*
- *Raffiafrucht gold*
- *Stoffblätter* ❀ *Golddraht*

Schneiden Sie von der Goldkordel ca. 100 cm ab, sie wird als Aufhängung um den Staticenkranz geschlungen. Knoten Sie die Enden zusammen. Jetzt kleben Sie die Krepprosen, den Weißbuschzweig, die Raffiafrucht, den Beerenzweig, die Mohnkapseln, die Schote, die Muscheln, die Stoffblätter und die Lorbeerblätter zwischen die Staticen. Die Pflaumen sitzen oben unterhalb der Aufhängung.
Schneiden Sie vom Dekoband ungefähr 30 cm ab, umwickeln Sie beide Enden mit Golddraht, und kräuseln Sie es, bevor Sie es auf den Kranz kleben. Die Zimtstangen umwickeln Sie ebenfalls mit dem Golddraht und kleben sie mit dem Seestern auf das Dekoband.
Den Efeuzweig befestigen Sie seitlich im Kranz. Der Lavendel wird mit Golddraht gebündelt und zwischen den Krepprosen eingefügt, etwas Erikamoos wird noch dazwischen geklebt.

STATICENBOGEN IN BLAU-ROSA

(vgl. Titelseite)

Material:

- *Metallring 18 cm Ø*
- *Statice tatarica*
- *Krepprosen rosa*
- *Doldenzweige burgund*
- *Traube blau*
- *Granatapfel mint*
- *Lavendel*
- *Schote gold*
- *Toscalaub*
- *Lorbeerblätter gold*
- *Muscheln*
- *Erikamoos*
- *Efeuzweig*
- *Diorrose rosa*
- *Dschungelmoos blau*
- *Weizen gold*
- *Kiefernzapfen*
- *Eukalyptusfrüchte gold*
- *Kerzendraht*
- *Goldkordel 5 mm Ø*
- *Bindedraht*

In die Mitte des fertig gebundenen Staticenbogens (siehe auch Seite 50) kleben Sie die Krepprosen. Aus einem starken Kerzendraht biegen Sie ein „U“, stecken es in die Mitte des Bogens und fixieren es mit Klebstoff. Daran befestigen Sie die Kordel als Aufhängung.

Kleben Sie zwischen die Statice hübsch verteilt die oben angegebenen Materialien. Den Lavendel bündeln Sie mit Golddraht, bevor Sie ihn aufkleben, die Zapfen drahten Sie an. Die Goldkordel schlingen Sie über die eingeklebten Materialien und fixieren Anfang und Ende mit Klebstoff zwischen der Statice. Die Efeuzweige werden unter den Krepprosen befestigt, dann wird einer rechts und der andere links über die eingeklebten Materialien gebogen und an der Spitze des Bogens an der Statice befestigt.

Sie können die Materialien nach Ihrem Geschmack im Bogen verteilen, selbstverständlich können Sie auch andere Materialien wählen.

GEKLEBTER KRANZ IN BRAUN-GOLD-NATUR

Material:

- *Steckschaumring 20 cm Ø*
- *Hojablätter natur*
- *Salbeizweig*
- *Mingbeeren natur*
- *Schneckenhaus*
- *Olivenlaub*
- *Monetenblätter*
- *Lorbeerblätter*
- *Ähren gold und natur*
- *Chilischoten*
- *Fabergekugeln orange*
- *Eukalyptusglocken*
- *Eukalyptusblätter braun und gold*
- *Papierrosen weiß-gold*
- *Mingrosen*
- *Phalaris lachs*
- *Schoten gold*
- *Efeublätter*
- *Seeigel*
- *Weinlaub*
- *Lockenschilf lachs*
- *Bastfäden natur und orange*
- *Toscalaub braun*
- *Mohnkolben*
- *Maisblätter*
- *Ethno-Scheibe*
- *Goldkordel dünn*
- *Mexicanfäden*
- *Golddraht*

Bündeln Sie die Mexicanfäden mit dünner Goldkordel oder mit Golddraht, den Drahtstiel der Ethno-Scheibe umwickeln Sie ebenfalls mit der dünnen Goldkordel bzw. mit Bast. Bekleben Sie den Steckschaumring von hinten mit Hojablätten. Auf der Vorderseite bekleben Sie den Kranz mit Eukalyptusblättern, Olivenlaub, Monetenblättern und Lorbeerblättern.
Darauf kleben Sie größere Teile wie Seeigel, Schneckenhaus, Mingrosen, Mingbeeren, Fabergekugeln, Papierrosen und Mohnkolben.
In die entstandenen Zwischenräume fügen Sie weitere Chilischoten, Phalaris, Ähren, Eukalyptusblätter,

goldene Schoten, Ethno-Scheibe und Efeublätter ein. Seitlich am Kranz befestigen Sie weitere Fabergekugeln, Eukalyptusglocken, Chilischoten, Weinlaub, Ähren, Olivenlaub, Maisblätter, Toscalaub und Eukalyptusblätter.

Über den Kranz schlingen Sie anschließend Lockenschilf, Mexicanfäden, orange Bastfäden und den Salbeizweig. Anfang und Ende der Teile werden im Kranz verborgen. Aus einem Stück Steckdraht biegen Sie ein „U" und kleben es als Aufhängung in den Kranz.

Gesteckter Strauss mit hellen Rosen

Material:

- Kugelvase
- Steckschaum
- Seerosenblätter gewachst
- Weinlaub 13 x 16 cm
- Kokosfaser
- Erikamoos
- Weizenstiele
- Asparagus
- Broom bloom grün
- Hortensie grün
- Eukalyptusblätter grün und kupfer
- Strelizienblatt blau
- Artischocke
- Moosfäden
- Spitzenband rost 10 cm breit
- Pflaumenpick
- Traube blau
- Granatapfelpick
- Birne
- Lotoskolben
- Seidenrosen lachs
- Baumefeu
- Golddraht
- Steckdraht

Füllen Sie die Kugelvase mit Steckschaum, und lassen Sie diesen ca. 2 cm über den Rand ragen. Drahten Sie alle Materialien an.

Stecken Sie seitlich das Weinlaub ein. Von oben werden die Weizenstiele eingesteckt, vorne und hinten die Seerosenblätter. Stecken Sie seitlich und in der Mitte Erikamoos, Kokosfaser und Broom bloom in den Steckschaum. Das Strelizienblatt und die Moosfäden werden quer über die Vase in den Steckschaum gesteckt. Schneiden Sie von dem Spitzenband zweimal 80 cm ab, und fertigen Sie eine Schleife an, deren Bandenden Sie mit Golddraht abbinden. Stecken Sie die Schleifen rechts und links in den Steckschaum über das Weinlaub, dazu je einen Zweig kupferfarbene Eukalyptusblätter.
Legen Sie mit den Seidenrosen die mittlere Höhe des Straußes fest.

Dazwischen stecken Sie Hortensie, Erikamoos, Pflaumenpick, Granatapfelpick und Trauben. Seitlich werden Artischocke, Birne, Seidenrosen, grüne Eukalyptuszweige, Lotoskolben und Baumefeu eingesteckt. Die Asparaguszweige werden an einem langen Golddraht befestigt und über den Strauß geschlungen. Anfang und Ende können Sie am Strelizienblatt befestigen.

Strauss mit Rosen und Heukranz

Material:

- *Metallring 15 cm Ø*
- *Heu*
- *Kokosfaser*
- *Erikamoos*
- *Weizenstiele*
- *Broom bloom grün*
- *Dschungelmoos grün*
- *Phalaris lachs*
- *Krepprosen lachs*
- *Doldenzweig burgund*
- *Seerosenblätter gewachst*
- *Artischocke grün*
- *Hortensie grün*
- *Schneckenhäuser*

Binden Sie das Heu über den Metallring (siehe Seite 6). Drahten Sie den Heukranz mit Kerzendraht an vier Stellen an. Machen Sie aus Heu und Kokosfaser kleine Bündelungen.

Drahten Sie die Weizenstiele, das Erikamoos, das Broom bloom, die Phalaris, die Hortensie und das Dschungelmoos büschelweise an. Die Artischocke und die einzelnen Teile des Doldenzweiges werden ebenfalls angedrahtet. Stecken Sie die Weizenstielbündelungen über Kreuz in den Heukranz, und fassen Sie alle Drähte unten mit der linken Hand zusammen. Stecken Sie nun die Kranzmitte mit Kokosfaserbündel, Heubündel, Erikamoos, Broom bloom und Dschungelmoos aus.

(Weiter auf Seite 64)

Dazwischen werden die Krepprosen, die Phalaris, die angedrahteten Dolden und die Artischocke eingefügt.
Die Krepprosen, die Sie in die Mitte gesteckt haben, sollten den höchsten Punkt des Straußes bilden, die seitlich eingesteckten Materialien sollten tiefer liegen. Achten Sie beim Einstecken darauf, daß der Strauß eine kugelige Form bekommt!

Die Seerosenblätter werden rundum oberhalb des Heukranzes eingesteckt. Die Schneckenhäuser kleben Sie dazwischen.
Kürzen Sie zuletzt die Stiele mit einer Zange, und binden Sie sie mit Bindedraht zusammen.
Wickeln Sie Bast über die Stiele, damit die Drähte unsichtbar werden. Sie können den Strauß von unten her mit Blättern abdecken, damit die Drähte noch besser verdeckt sind.